CULTURE
DES ASPERGES

EN PLEIN CHAMP

Par VISOMBLAIN

VITICULTEUR

CULTIVATEUR D'ASPERGES

A SAINT-CLAUDE-DE-DIRAY

(LOIR-&-CHER)

PRIX: **60** CENTIMES

BLOIS

IMPRIMERIE DORION ET Cⁱᵉ, RUE DENIS-PAPIN

1895

CULTURE
DES ASPERGES

EN PLEIN CHAMP

Par VISOMBLAIN

VITICULTEUR

CULTIVATEUR D'ASPERGES

A SAINT-CLAUDE-DE-DIRAY

(LOIR-&-CHER)

PRIX: **60** CENTIMES

BLOIS

IMPRIMERIE DORION ET Cᵢₑ, RUE DENIS-PAPIN

1895

CULTURE DES ASPERGES

EN PLEIN CHAMP

La culture de l'asperge, déjà très répandue dans notre contrée, s'étend chaque année avec une rapidité qui montre bien les avantages de la culture de ce précieux légume, qu'on appelle chez nous la providence des petits cultivateurs. C'est en effet la providence de bien des gens, car après la ruine de leurs vignes par le phylloxéra et une foule d'autres maladies, n'avaient plus que les céréales à cultiver ; mais l'asperge est venue à leur secours et beaucoup de cultivateurs l'ajoutent à leur culture.

Comme le plus grand nombre des personnes qui s'adressent à moi pour avoir des plants d'asperges, me demandent des renseignements sur la meilleure manière de la cultiver, et qu'il est impossible, tout en faisant de son mieux pour satisfaire les clients, de dire en quelques lignes tant de choses qu'il est important de ne pas négliger pour assurer la parfaite réussite d'une belle aspergerie, me faisant un devoir de répondre à un désir si souvent exprimé, encouragé par un grand nombre de clients et amis, je me suis décidé à publier cette petite brochure dans laquelle je vais faire tout mon possible pour démontrer ce que j'ai pu étudier et ce qui m'a été enseigné sur cette culture. Car, qu'on le sache bien, il ne suffit pas d'avoir un bon sol et des engrais à discrétion pour avoir de beaux et précoces produits, le plus important est de se procurer de bonnes variétés bien sélectionnées, et c'est à cela que j'ai porté toute mon attention : avoir de bonnes semences pour avoir de belles asperges.

Installation d'une aspergerie pour porte-graines et manière de choisir ceux-ci

Pour établir une aspergerie afin d'avoir des pieds porte-graines, il faut se procurer du bon plant d'un an et de bonne variété : c'est le point le plus important. On choisira le sol le plus riche que l'on aura à sa disposition, plutôt sablonneux que trop fort, mais exempt d'humidité souterraine ; il faudra qu'il y ait aussi de quarante à cinquante centimètres au minimum de terre labourable sur les bancs de pierre, de tuf ou d'argile.

Les vignes ou les vieilles luzernes qui sont pour être défaites, seront choisies de préférence. Quand le sol sera préparé de la manière indiquée plus loin, on ouvrira des fosses de quarante centimètres de largeur et de dix à douze centimètres de profondeur au plus. La terre extraite des fosses est disposée de chaque côté, ce qui forme ados ; la distance de chacune de ces fosses sera d'un mètre trente centimètres de milieu en milieu. On devra avoir fini ce travail autant que possible au 15 février, époque où l'on peut commencer la plantation dans les terrains chauds et sablonneux. On mettra les griffes de quatre-vingt-cinq centimètres à un mètre de distance les unes des autres ; la plantation sera la même que celle indiquée plus loin.

Quand cette plantation sera établie, on veillera à ce qu'il n'y ait pas de mauvais pieds ou des pieds en souffrance soit pour une cause ou pour une autre, et si on en trouve on n'hésitera pas à les remplacer même jusqu'au mois de juin. Pour cela, il faudra garder une quantité de griffes en rapport avec les plantations qu'on aura faites. Pour conserver ces griffes, on ouvrira le plus près possible de l'aspergerie une fosse de cinq centimètres de profondeur sur une largeur proportionnée à la longueur des racines de ces griffes qu'on placera dans cette fosse, à cinquante centimètres l'une de l'autre, de manière que les racines ne s'entremêlent pas, puis on les recouvrira de deux centimètres de la terre du sol et trois centimètres de bon terreau de fumier de cheval mélangé par moitié avec la même terre. Si la sécheresse est trop grande on aura soin d'arroser, mais alors il faudra pailler afin que la terre soit toujours assez fraîche pour qu'on puisse lever les griffes suivant les besoins. Quand les tiges auront atteint vingt-cinq à trente centimètres de hauteur, il faudra mettre un tuteur à chaque pied pour les y attacher. C'est le meilleur moyen de conserver les griffes pour remplacer celles qui manquent ou qui ne conviendraient pas.

On choisira un temps frais plutôt que sec, car en été on n'a pas à craindre la moisissure. Pour qu'il s'écoule le moins de temps possible entre l'arrachage et la replantation, on préparera la place destinée à recevoir la griffe, on prendra une marc ou une pelle qu'on passera avec précaution sous celle qu'on aura choisi pour remplacer, on la mettra avec sa motte à l'endroit désigné en ayant soin de ne pas replier les racines; il faudra remettre le tuteur et attacher les fanes. Par ce procédé, la plantation se trouvera régulière à l'automne.

Si la deuxième année il manquait encore des pieds, on choisirait les plus belles griffes qu'on aurait à sa disposition et on les remplacerait de la même manière que l'année précédente.

Au commencement de la deuxième année, on observera les pieds qui donnent les plus beaux turions et les plus hâtifs, et on les marquera d'un piquet. A l'automne suivant, on dressera un tableau sur lequel tous les pieds de l'aspergerie seront marqués et numérotés. Comme à cette époque presque toutes ces asperges auront fleuri, il sera facile de connaître les pieds qui porteront graine, on les désignera sur le tableau par un point rouge; on marquera aussi le nombre de turions de chaque pied et leur grosseur.

Au printemps suivant, qui sera la troisième pousse si l'aspergerie est bien réussie, on pourra récolter deux ou trois asperges aux pieds les plus beaux et les mieux garnis, toujours en ayant soin de marquer sur le tableau ou sur un registre qui y correspondra, l'époque où l'asperge est récoltée et sa grosseur. Pour ne pas en prendre aux pieds trop faibles, quand on arrachera les turions pour faire les buttes, on piquera en face de chaque pied autant de vieux turions qu'on voudra cueillir d'asperges à la récolte suivante; à chaque asperge qu'on cueillera on supprimera un vieux turion, de cette manière il n'y aura pas d'erreur possible, quand il n'y aura plus de turions à ôter, la récolte sera finie.

A la quatrième pousse il faudra, pour gagner du temps, la récolte étant plus du double de l'année précédente, marquer seulement les pieds les plus faibles pour ne pas les épuiser. Il ne faudra pas emporter les vieux turions du champ, ils seront d'une grande utilité au moment de la récolte, car, pour se rendre un compte exact de la production, il faudra à chaque asperge qu'on cueillera, piquer un vieux turion de même grosseur que l'asperge sur le côté de la butte; puis il faudra passer toutes les deux cueillettes au plus tard, pour prendre en note la grosseur de l'asperge et la date de la cueillette pour connaître les plus hâtives.

Comme on aura par ce moyen la végétation de chaque pied, il sera facile de marquer les plus méritants. Pour avoir une bonne sélection, on choisira au moins trois pieds mâles pour un pied femelle, c'est-à-dire celui qui porte graine. On tiendra pour bons ceux qui n'auront qu'une quantité moyenne de graines bien réparties sur toutes les branches charpentières et non aux extrémités.

Beaucoup de personnes ont le tort de rechercher les pieds qui en portent une grande quantité, mais ils ne valent rien, car ils sont mal sélectionnés. Les pieds choisis devront avoir une végétation très régulière, c'est-à-dire que les turions soient de même grosseur, et s'il y en avait qui ne se maintiennent pas beaux et hâtifs, ou s'il en poussait des petits parmi les autres, il faudrait les supprimer sur le tableau, et pour ce motif, on ne devra pas être limité sur le nombre de pieds à marquer.

La quatrième année, cinquième pousse : on conservera tous ceux qui méritent de l'être, il sera toujours temps d'abandonner ceux qui ne conviendraient pas ; il sera bon de ne pas les cueillir aussi tard que les autres pour qu'ils prennent le plus de développement possible. Ce travail sera continué aussi longtemps qu'on voudra récolter de la graine, il sera moins long que les années précédentes puisqu'il n'y aura plus que les pieds qui seront réservés.

A la sixième pousse seulement, on pourra récolter de la graine. Pour cela, on ne cueillera les pieds mâles et femelles réservés à cet effet que jusqu'au 15 ou 20 mai, on aplatira les buttes et on les laissera monter. A ce moment, toutes les jeunes asperges qui se trouvent auprès de l'aspergerie ainsi formée seront défleuries et on évitera les hybridations. Quand les pieds mâles et femelles seront prêts à fleurir, il faudra les attacher à un tuteur, mais ne pas trop les

serrer l'un contre l'autre. On passera chaque jour avec un séca-
teur ou des ciseaux pour couper les extrémités des branches,
surtout aux pieds mâles, le pollen étant beaucoup plus faible
aux extrémités, la sélection serait mauvaise.

Je n'ai pas la prétention que ces pieds seront exclusivement
fécondés par les pieds mâles qu'on aura laissés exprès, comme
me l'a fait remarquer un membre du jury en 1892, mais
dans la mesure du possible, c'est le moyen qui m'a le mieux
réussi pour avoir de la bonne graine.

Si par exemple on voulait faire des essais pour avoir des
nouvelles variétés, et qu'on ait dans ses aspergeries des
pieds mâles et femelles de belle grosseur, on pourrait fécon-
der ces pieds si la floraison se trouvait en même temps. On
cueillerait les fleurs des pieds mâles pour en recouvrir les
fleurs des pieds femelles.

Si la floraison n'a pas lieu à la même époque, il faudra
ramasser le pollen avec un blaireau et le conserver dans un
bocal hermétiquement fermé en attendant que les pieds femelles fleurissent. Dans ce dernier cas on ne pourra opérer
que dans un endroit réservé, car il faudra recouvrir le pied
d'une gaze. Comme par ce procédé on ne féconde qu'une partie des fleurs, on supprime toutes les autres et on ne devra
jamais faire une aspergerie ni livrer au commerce de plants
avant de bien connaître les résultats, ce qui demande au moins
huit ou dix années.

Chacun se rendra compte que pour l'ensemble de ce travail, il sera utile d'avoir un endroit clos et le plus près possible de son domicile, autrement on pourrait démarquer les
pieds. Tout ne serait pas perdu puisqu'on aurait toujours un
tableau pour se renseigner. A l'automne de 1893, on m'a
coupé soixante-quinze porte-graines dans quinze ares. Cela
ne m'a fait aucun tort puisqu'ils n'étaient pas réservés. Il est
vrai que les asperges étaient très belles, puisque après la
visite de plusieurs de mes aspergeries en 1892 et en 1893, le
jury m'a accordé comme prix cultural une médaille d'or et
une prime de 100 francs.

Récolte de la graine

On coupera en octobre, quand les graines seront bien mûres, les plus belles tiges, qu'on choisira dans les pieds qu'on aura réservé pour la production en ayant soin de les marquer sur le tableau ; on cueillera les plus belles boules en laissant toutes celles des extrémités des branches. Les pieds qu'on ne jugera pas assez beaux seront toujours conservés pour se rendre compte de la variation de la végétation.

Semis de l'asperge

Pour établir une pépinière de semis d'asperges, on choisira un terrain non épuisé et bien propre. Dans le courant de l'été qui précédera le semis, on fumera avec du bon fumier de ferme bien fermenté qu'on enterrera à la charrue à quinze ou dix-huit centimètres de profondeur ; avant les grandes gelées on donnera un léger labour. Dans la deuxième quinzaine de février, époque où l'on peut commencer les semis dans les terres chaudes et qu'on peut continuer tout le mois de mars dans les terres froides, on donnera un hersage pour niveler le sol ; on le divisera ensuite par planches de quatre ou cinq mètres de large ; on fera les rangs de semis à trente centimètres de distance, les graines seront placées une à une dans la ligne, à cinq centimètres au moins l'une de l'autre et à trois centimètres de profondeur.

Aussitôt que les mauvaises herbes se montreront, il faudra donner des binages et sarclages réitérés de manière à maintenir les semis dans un parfait état de propreté. Aux premières chaleurs, vers la fin d'avril, il faudra surveiller le criocère, cet insecte ronge le jeune plant et engendre une quantité de larves qui font autant de mal que le criocère lui-même. Pour combattre ces larves on emploie des cendres vives ou de la chaux en poudre que l'on sème avec soin sur les lignes ; on peut aussi par les grandes chaleurs les faire tomber avec un balai sur le sol qui est brûlant. On devra recommencer ces opérations autant de fois qu'il sera nécessaire.

Pour ces motifs, on fera bien d'éloigner les semis le plus loin possible de toute culture d'asperges. Depuis trois années que je fais mes semis en Sologne à plus de vingt kilomètres de toute aspergerie, je m'en trouve très bien, n'ayant plus de criocères à combattre.

Semis de dix-huit mois

Presque tous les spécialistes en culture d'asperges préfèrent, avec raison, le plant d'un an à celui de deux ans, mais beaucoup de personnes, pour avoir du plant plus fort, préfèrent ces derniers. Pour tout concilier, on fait du plant de dix-huit mois ; il est plus fort que le plant d'un an, et il est préférable à celui de deux ans.

Pour faire ces plants, on prépare la terre comme pour celui d'un an, mais on ne sème les graines qu'au mois de juillet et même la première quinzaine d'août, suivant que le temps le permettra. Ces plants auront quelques centimètres de hauteur à l'automne, ce qui leur donnera beaucoup d'avance sur les semis de printemps.

Dans le courant du mois de mars de l'année qui suivra celle du semis, c'est-à-dire avant la végétation, si la terre est bien saine, on donnera un léger labour à la fourche en ayant soin de ne pas blesser les racines, quelques jours plus tard, on paillera légèrement avec du fumier de cheval à demi consommé. Les travaux d'entretien seront les mêmes que pour les pépinières d'un an. Si pour les arrosages on est obligé d'avoir recours aux arrosoirs, on fera les planches moins larges pour ne pas marcher dessus. Il en sera de même pour les semis d'un an.

Arrachage du plant

L'arrachage du plant se fera au moyen de la fourche en février ou mars, suivant les besoins pour la transplantation ou la vente. On peut encore arracher le plant en avril et même en mai, mais il n'est pas aussi facile à transporter et ne pourrait pas se conserver aussi longtemps en bon état que celui qu'on arrache avant la végétation, car si pour une cause ou l'autre on n'est pas prêt à planter le plant que l'on aurait reçu ou arraché à l'avance, il n'y aura aucun inconvénient à le conserver un mois et même davantage sans le planter, à la condition qu'il ne soit pas mouillé et qu'il soit écarté dans un endroit bien sain et pas trop sec.

Choix du terrain et plantation d'une aspergerie

Les terrains où les asperges pousseront les plus belles et dureront le plus longtemps, seront ceux de bonne consistance, un peu argileux, plutôt sablonneux que forts, mais exempts d'humidité. En résumé, tous les terrains sablonneux sans exception sont propices à la culture de l'asperge. Les asperges dureront un peu plus ou un peu moins de temps, seront plus ou moins hâtives, suivant que le sol sera riche et chaud, les spécialistes en cette culture ont chacun leur avis. Sur le défoncement du sol, les uns le préconisent, les autres n'en veulent pas, pour celui qui commence à planter, cela peut donner à réfléchir. A mon avis, on ne doit pas défoncer profondément, mais on peut retourner le sol dix centimètres plus profond que les griffes doivent être plantées. Ce que je ne conseillerai pas, ce sont des fosses très profondes, que l'on emplit de fumier ou d'autres résidus pour planter dessus la même année. Je trouve ce procédé mauvais, il a l'inconvénient d'attirer les taupes qui soulèvent les griffes, puis à mesure que le fumier se consomme, le pied baisse et se trouve à une trop grande profondeur, et s'il pousse des racines dans les parois des fosses, il se trouve forcément suspendu.

J'ai dit qu'à mon avis, on pouvait retourner le sol à une profondeur de dix centimètres plus bas que l'asperge devra être plantée, mais comme on ne doit pas planter à plus de quinze à dix-huit centimètres de profondeur, c'est donc à vingt-cinq ou trente centimètres au plus qu'on devra retourner le sol; c'est le moyen que j'emploie, il m'a toujours réussi et je le continue jusqu'à preuve du contraire. J'ai la conviction que c'est la méthode la plus sûre pour réussir; les avantages que je retire de ce procédé sont surtout lors des années sèches ; le sol qui aura été retourné conservera sa fraîcheur, les asperges qu'on plantera ne souffriront pas et la réussite sera plus certaine. Comme il n'y aura pas de temps d'arrêt dans la végétation, elles seront plus fortes à l'automne ; puis on détruira une grande quantité de vers blancs ; je n'ai pas l'intention de dire qu'on ne peut pas réussir autrement, loin de là, puisque la plupart des cultivateurs ne le font pas, mais je trouve qu'il y a plus de chance de succès.

Voici ma façon de procéder :

Je fume fortement ; j'enterre le fumier à la charrue le plus légèrement possible dans la direction où les fosses doivent être faites ; je retourne la terre en travers du labour, je mets au fond de chaque coupe avec la pioche toute la terre labourée qui se trouve par ce moyen mélangée avec le fumier. On peut faire ce travail depuis le mois d'octobre jusqu'au moment de la plantation, quand même on ne planterait que dans la première semaine d'avril. J'ai fait de ces défoncements à l'automne, d'autres n'ont été terminés qu'à la fin de mars et la réussite a été la même ; mais autant que possible il est toujours préférable de préparer son terrain en hiver, la terre se trouvera tassée au moment de faire les fosses et on aura moins à craindre les éboulements ; il n'est pas utile sur un sol retourné de faire les fosses longtemps avant la plantation.

A ce moment, on ouvrira des fosses de quarante centimètres de largeur au moins et de quinze à dix-huit centimètres de profondeur au plus si le sol a été retourné ; s'il ne l'a pas été, il faudra réduire la profondeur à douze ou quinze centimètres ; chaque fosse aura un mètre trente centimètres de distance l'une de l'autre, de milieu en milieu ; la première ligne devra être au moins à soixante centimètres du voisin. Les fosses faites, on plantera les griffes de quatre-vingts centimètres à un mètre l'une de l'autre et bien au milieu de la fosse ; je ne mets que quatre-vingts et quatre-vingt-cinq centimètres de distance, ce qui fait environ quatre-vingt-dix à cent griffes à l'are. Il ne faudra pas couper les racines ; on rafraîchira seulement avec une serpette celles qui seraient blessées ; la griffe placée à l'endroit désigné, on aura soin de bien étendre les racines dans toutes les directions ; on recouvrira ces racines de trois à quatre centimètres de terre fraîche qu'on prendra sur l'ados et qu'on pressera fortement à la main sur les extrémités.

Si on a à sa disposition des marcs de raisin ou des fumiers bien consommés et bien assimilables, on en répandra une couche de deux centimètres dans toute la fosse ; cette petite fumure aura l'avantage de maintenir une certaine fraîcheur à la terre, et en cas de sécheresse, évitera d'arroser. Comme l'année de la plantation, on ne peut pour les façons se servir de la charrue, je plante des haricots sur les ados, et le revenu me paie plus que mes frais d'entretien la première année.

Travaux pendant la première et la deuxième année

La première année, on n'aura à faire que des binages et sarclages, à mesure que les herbes paraîtront ; on aura aussitôt la végétation, à surveiller les vers blancs qui rongent les racines et les yeux sur la griffe, et les vers gris qui coupent les tiges au ras de terre ; on verra une asperge faire une belle levée, puis quelques jours plus tard on s'aperçoit qu'elle ne monte plus et que la tête se recourbe ; on cherche au pied avec attention : si c'est un ver blanc, on le trouvera près des morsures le long de l'asperge ou autour de la souche ; si c'est un ver gris, il ne descend pas, il s'éloigne au contraire jusqu'à quarante centimètres, en voyageant comme une taupe, mais à fleur de terre, à un centimètre de profondeur au plus si la terre est fraîche ; ce ver atteint parfois la grosseur d'un porte-plume et est de la couleur de la terre, ce qui le rend difficile à trouver.

L'année dernière, je me suis adressé au Laboratoire départemental pour savoir quel moyen employer pour le combattre, la réponse a été qu'il n'y avait rien à faire qu'à le chercher pour le détruire.

S'il y a des pieds malades, on cherchera jusqu'aux racines, souvent ce sont les vers blancs qui les mangent ; on n'a pas tous les ans ces insectes à combattre, car on n'a encore été sérieusement ravagé par le ver gris que l'année dernière, depuis dix-sept ans qu'on cultive les asperges chez nous ; quoi qu'il en soit, il est toujours bon de surveiller. Il y a aussi vers la fin de mai, comme dans les semis, les criocères à combattre ; mais les cendres et la chaux ne suffiraient plus, il faut le chasser ; pour cela, il faut opérer le matin et le soir ; dans la journée, ils s'envolent quand on approche.

Jusqu'à ce jour, on se sert chez nous d'une casserole dans laquelle on met de l'eau de savon , on la place sous les tiges d'asperges chargées de criocères, on incline ces tiges et on secoue doucement ; les criocères tombent dans ce vase et s'y noient.

L'année dernière, j'ai pris un abat-jour en carton auquel j'ai cousu un petit sac à sa partie la plus étroite, puis j'ai opéré comme avec ma casserole, les criocères tombaient dans le sac, et il m'a suffi, au bout de mon champ, d'allumer une mèche soufrée ; j'ai mis mon abat-jour au-dessus, en garnissant bien les bords avec de la terre pour qu'il n'y ait pas d'air, j'ai levé le fond de mon sac et les criocères ont été asphyxiés ; mon abat-jour n'a pas duré longtemps, aussi, je me propose, cette année, de faire faire des entonnoirs en fer blanc bien mince et de bonne dimension, puis j'aurai l'avantage que la douille me servira à attacher mon sac et en même temps pour le prendre à la main, ce que je ne pouvais faire avec mon abat-jour.

Si on se trouve à chasser les criocères près de chez soi, on pourra, au lieu d'allumer une mèche, mettre le sac dans l'eau bouillante. Cette opération devra être recommencée autant qu'il y en aura, et à chaque apparition. Si les criocères avaient déposé leurs larves sur les tiges, on les combattrait comme je l'ai indiqué pour les semis ; je ferai remarquer qu'aussitôt les asperges en rapport, on n'aura plus à combattre cet insecte.

Si, vers la fin de mai, on craignait une trop grande sécheresse, on chausserait les jeunes asperges de quelques centimètres de terre, surtout si on n'a pas retourné le sol ni répandu de fumier.

En automne, quand on verra la végétation arrêtée, car les jeunes asperges n'ont pas d'interruption de végétation tant qu'il y a de la chaleur, on coupera les tiges à quinze ou vingt centimètres de hauteur ; ce qui restera marquera le pied. Si des pieds manquaient, on y mettrait un piquet indicateur, et au printemps suivant, on les remplacerait.

Au mois de novembre ou décembre, on curera les fosses de manière qu'il ne reste pas plus de cinq centimètres de terre sur les pieds ; cette terre sera déposée sur les ados et la plantation passera l'hiver dans cet état ; on pourra laisser celles qui ne sont pas enterrées à plus de cinq à sept centimètres, si elles n'ont pas d'herbes, et ne les curer qu'en janvier ou février, si on ne peut le faire plus tôt.

Si le sol de l'aspergerie n'a pas été fumé et retourné, on ne curera pas les fosses ; on enlèvera entièrement les ados à la profondeur de la plantation, on déposera provisoirement la terre sur les pieds ; si l'on a un cheval assez docile et qui puisse se tenir sur l'ados, on pourra l'ouvrir à la charrue ; dans le cas contraire, ce travail se fera à la bêche, on fumera fortement l'emplacement et on refera l'ados en curant les fosses. On ne fera ce travail que tous les deux ados, c'est-à-dire un sur deux, on recommencera pour les autres l'hiver suivant. Au printemps de la deuxième année, dans les asperges où le sol a été retourné, ce sera le moment d'employer des engrais artificiels : avant la pousse, on fera des compositions de superphosphates, de cendres de bois et de poussier de corne que l'on dosera suivant la richesse du sol et des matières à employer ; on sèmera cet engrais dans toute la largeur des fosses et on enterrera légèrement. Si on n'a pas à sa disposition ces matières fertilisantes, on pourra les remplacer par du chlorure de potassium, du nitrate de soude ou du sulfate d'ammoniaque ; pour le nitrate de soude, on le répandra en couverture et à petite dose ; il vaut mieux recommencer plusieurs fois ; il faut enterrer légèrement tous les autres engrais.

Quand l'aspergerie aura une certaine importance, on fera bien de faire analyser le sol pour connaître la quantité d'engrais à employer : c'est ce que j'ai fait faire. J'ai fait aussi analyser des asperges de trois grosseurs différentes pour mieux me rendre compte des engrais à employer. Je publie plus loin ces analyses.

En résumé, tous les engrais azotés, phosphatés et potassiques sont bons à la condition de ne pas en abuser et de les

employer en temps opportun, il vaudrait mieux les garder
pour une autre année si le temps ne permet pas de les employer, c'est ce qui m'est arrivé plusieurs fois.

On plantera aussi, la deuxième année, des tuteurs à chaque
pied d'asperge pour attacher les tiges à mesure qu'elles attein-
dront leur hauteur ; puis on coupera les extrémités de chacune d'elles pour qu'elles offrent moins de prise aux vents qui
les couchent, les rompent, les font vite sécher et souvent font mourir le pied. On pourra remplacer les tuteurs
par un fil de fer que l'on tendra dans chaque ligne de quatre-
vingts centimètres à un mètre de hauteur ; on fera bien aussi,
si on veut conserver la bonne venue des pieds femelles et
obtenir une plus belle récolte, d'enlever les petites boules qui
renferment la graine ; il faudra les enlever à demi-grosseur,
si on les laissait venir à leur complet développement, il serait
trop tard, car elles auraient épuisé les pieds. Ces deux dernières opérations seront renouvelées jusqu'à la quatrième ou
cinquième année, suivant la force des asperges.

A l'hiver de la deuxième à la troisième année, on enlèvera les ados toujours de deux, un dans les aspergeries où le
sol a été retourné l'année de la plantation, et on donnera une
forte fumure, comme il a déjà été dit ; on recommencera
dans celles qui l'ont été l'année précédente, en prenant les
ados qui n'ont pas été fumés ; de cette manière, on n'en aura
que la moitié à fumer tous les ans. D'un autre côté, on aura
des passages tout préparés pour faire la récolte les années sui-
vantes.

Travaux à faire pendant les troisième et quatrième années, et les suivantes

Au printemps de la troisième année, on pourra fumer
dans les fosses, sans pour cela interrompre les fumures des
ados. Au mois de mars, aussitôt qu'on verra repartir
la végétation on enlèvera les vieux turions, et, à
mesure, on fera, à la place, des petites buttes en forme
de taupinière, d'une hauteur de huit à dix centimètres ;
quinze jours ou trois semaines plus tard, avant que les asperges aient traversé ces buttes, on les remontera environ

du double de leur hauteur ; on ne remontera que les plus
fortes, c'est-à-dire les pieds que l'on a l'intention de cueillir.
On les marquera avec les vieux turions comme il a été dit
pour les aspergeries pour porte-graines ; on choisira pour
cela un temps doux, surtout on se gardera bien de butter avec
de la terre humide, ce qui ferait rouiller les asperges et les
rendrait coriaces.

Pour butter, on prendra de la terre sur les ados qui n'ont
pas été fumés l'hiver précédent ; le même ados servira à fu-
-mer deux rangs et servira de passage pour faire la récolte ;
comme à la troisième année, les ados ne sont plus aussi éle-
vés, on pourra remplacer les binages à bras par des labours
et hersages, ce qui fait une grande économie de temps. A
l'automne, on ouvrira à la charrue l'ados qui a servi à butter
au printemps, on le fumera, puis on curera les fosses en met-
tant la terre sur le fumier, ce qui reformera l'ados.

Au printemps de la quatrième année, on prendra comme
à la troisième année, l'ados qui n'a pas été fumé l'hiver précédent pour faire les buttes ; mais comme les pieds seront
plus forts, on les fera de vingt à vingt-deux centimètres environ et de largeur proportionnée à la grosseur des pieds.
L'année suivante, on les remontera encore de quelques centimètres. Si on a planté comme je l'ai indiqué, la quatrième
année, les asperges devront couvrir le sol, et les tuteurs ou
fils de fer ne seront plus d'aucune utilité, mais on continuera
toujours à couper les extrémités.

Une aspergerie traitée dans ces conditions, doit, à la cinquième année, rapporter cinquante centimes par pied.

Plantation d'asperges dans les vignes

Pour planter des asperges dans les vignes, on ne pourra
opérer que tous les deux rangs ; si la vigne n'est pas plantée et que l'on ait l'intention de faire les façons à la charrue,
on mettra de un mètre trente à un mètre cinquante centimètres
de largeur entre les rangs de vigne qui sont pour recevoir les
asperges, et on ne mettra que quatre-vingts centimètres à un
mètre, entre les rangs qui devront servir de passage.

Dans l'hiver qui suivra la plantation de la vigne, on ouvrira deux fosses de trente centimètres de largeur et de même profondeur, le long des rangs de vigne, mais du côté des ceps où doit être planté le rang d'asperges ; on les remplira à moitié de fumier ou de bruyère, ou les deux mélangés, puis on les couvrira de terre.

A l'hiver de la deuxième à la troisième année, on ouvrira une autre fosse au milieu et entre celles qu'on aura établies l'année précédente, et que l'on fumera fortement, puis on la recouvrira de terre.

Le printemps suivant, c'est-à-dire à la quatrième pousse de la vigne, le fumier et la terre seront tassés ; on ouvrira les fosses comme pour les autres aspergeries, mais on ne mettra que soixante-cinq à soixante-dix centimètres de distance entre chaque pied. Les rangs qui n'auront pas reçu d'asperges seront fumés comme d'habitude, et ils serviront de passage pour faire la cueillette si on a mis des échalas ; de plus ils donneront de l'air à la vigne.

Ce mode de plantation aura l'avantage de déchausser les asperges à l'automne en chaussant la vigne, et de les rechausser au printemps pour faire les buttes en déchaussant la vigne également.

Si l'on a des vignes qui doivent être arrachées, deux ans avant cet arrachage, on pourra y planter des asperges, toujours en ayant soin de préparer les fosses l'année précédente, comme il a été dit.

Comme dans l'hiver de la deuxième à la troisième année on devra fumer, on déchaussera les rangs de vigne avec la charrue jusqu'à la profondeur des racines d'asperges ; par ce moyen, la vigne se trouvera arrachée et on aura une aspergerie sans avoir eu d'interruption de récolte ; on ne pourra faire ces dernières plantations que dans les vignes cultivées à la charrue.

Plantation de vignes dans les aspergeries épuisées

Quand on aura des aspergeries épuisées et que l'on aura l'intention d'y planter de la vigne, à l'automne, deux ans

avant d'arracher les asperges, on fera des fosses de trente centimètres de largeur sur quarante centimètres de profondeur; on remplira à moitié ces fosses de bruyères, de tiges d'asperges ou tout autre résidu que l'on tassera fortement; puis, on mettra dessus une bonne couche de fumier. Si on n'a pas de bruyère ou autre chose, on ne mettra que du fumier, mais alors davantage. Au printemps suivant, on plantera la vigne et l'on fera la cueillette de l'asperge plus longtemps que les autres années. Enfin, l'année suivante qui sera la dernière, on cueillera les asperges tant qu'elles pousseront, puis à l'hiver suivant, pour les arracher, on ouvrira des fosses et on coupera les pieds à la pioche, en ayant bien soin de ne pas laisser d'yeux, et surtout de les enlever du champ.

On fumera fortement ces fosses et on nivellera; de cette façon, on aura une vigne en pleine production et qui n'aura rien coûté comme entretien.

Les personnes qui auraient l'intention de planter des asperges et qui auraient besoin d'autres renseignements, pourront me les demander; je me ferai un devoir de les satisfaire autant qu'il me sera possible.

BULLETIN D'ANALYSE

Faite par le Laboratoire départemental de Loir-et-Cher.

Nature de l'échantillon : ASPERGES
Envoyé par M. Visomblain, à Saint-Claude.
Reçu le 16 Mai 1892

COMPOSITION TROUVÉE

		Grosses	Moyennes	Petites.
Humidité	%	92.75	91.64	92. »
Matières sèches	%	7.25	8.36	8. »
		100 »	100 »	100 »

Matières sèches	Matières minérales.	%	0.458	0.707	0.590
	— organiques	%	6.792	7.653	7.410
			7.250	8.360	8.000

Matières minérales.	Azote..............	%	0.210	0.309	0.228
	Acide phosphorique	%	0.072	0.098	0.088
	Potasse............	%	0.197	0.307	0.249
	Chaux..	%	0.031	0.028	0.024
	Magnésie	%	0.011	0.015	0.014

Vu : Le Directeur,   *Le Chimiste,*

Signé: TROUARD RIOLLE.   Signé : FALLOT.

BULLETIN D'ANALYSE

Faite par le Laboratoire départemental de Loir-et-Cher.

Nature de l'échantillon : TERRE
Envoyé par M. Visomblain, à Saint-Claude
Reçu le 16 Mai 1892
CAILLOUX SILICEUX

COMPOSITION TROUVÉE

ANALYSE PHYSIQUE	ANALYSE CHIMIQUE
Cailloux pr 1000 de terre. 62. »	Acide phosphor. pr 1000
Gros sable, id. 149. »	de terre fine........ 0.402
Terre fine, id. 789. »	Potasse.............. 0.380
Argile pr 1000 de terre fine 146.60	Azote................. 0.660
Sable fin, id. 847.46	Magnésie 0.612
Calcaire, id. 1.34	Alumine et oxyde de fer. 37.125
Humus, id. 4.60	

Vu : Le Directeur,   *Le Chimiste,*

Signé: TROUARD RIOLLE.   Signé: FALLOT.

TABLE DES MATIÈRES

———

Blois, imprimerie Dorion et Cie.

www.ingramcontent.com/pod-product-compliance
Lightning Source LLC
Chambersburg PA
CBHW050428210326
41520CB00019B/5836